人生语录

Wisdom of life

庄恩岳 文/图

图书在版编目(CIP)数据

人生语录/ 庄恩岳著.
—北京：华文出版社，2012.4
ISBN 978-7-5075-3660-7

Ⅰ.①人… Ⅱ.①庄… Ⅲ.①人生哲学–通俗读物
Ⅳ.①B821-49

中国版本图书馆CIP数据核字（2012）第041660号

书　　名：	人生语录
标准书号：	ISBN 978-7-5075-3660-7
著　　者：	庄恩岳
出版策划：	恩泽股份有限公司
	北京中关村科学城建设股份有限公司
	江苏苏亚金诚会计师事务所有限公司
责任编辑：	张力慧
出版发行：	华文出版社
地　　址：	北京市西城区广外大街305号8区2号楼
邮政编码：	100055
网　　址：	http://www.hwcbs.com.cn
电子信箱：	hwcbs@263.net
电　　话：	总编室010-58336239　发行部010-58336270　编辑部010-58336262
经　　销：	新华书店
印　　刷：	北京盛通印刷股份有限公司
开　　本：	787×1092毫米　1/32
印　　张：	4
字　　数：	50千字
版　　次：	2012年4月第1版
印　　次：	2012年4月第1次印刷
定　　价：	20.00元

未经许可，不得以任何方式复制或抄袭本书部分或全部内容
版权所有，侵权必究

作者简介

庄恩岳,浙江省宁波人。曾任国家审计署科学研究所副所长,南京审计学院副院长,国家审计署经贸司副司长,中国工商银行监事会正局级专职监事,中国内部审计学会第三届常务理事,全国青联第八、九届委员,享受国务院政府特殊津贴。现为中国信达资产管理股份有限公司副总裁、执行董事,研究员。数年来,在工作之余,潜心研究素质教育和励志教育问题,致力于格言语录体的创作。其作品不但进入国内畅销书排行榜,而且在海外华人地区广为流传。我国台湾地区、韩国、日本等都有不同的版本。代表作《人生的每日忠告》出版至今已连续重印十多次,《管理语录》深受人们的欢迎。《炒股就是炒心态》新浪点击已经超过百万。为《今日浙江》等媒体专栏作者。

Wisdom of life

目 录

第一部分 ……………………… 1

第二部分 ……………………… 25

第三部分 ……………………… 51

第四部分 ……………………… 75

第五部分 ……………………… 101

Wisdom of life

第 一 部 分

人生语录

在工作和学习方面追求不妨多一点，
在生活和欲望方面追求不妨少一点。
不要总对生活的环境忿忿不平，
必须在生活上作些让步。
智慧的生活方式是十分必要的，
不要在意别人的看法。
随波逐流的生活方式，往往不是快乐的。
永远不要与别人去比较，依照别人的生活方式来生活。

人生语录

傲不可长,欲不可纵,
志不可满,乐不可极。
世界上一切事情的成就,
得益于忍耐、忍耐、再忍耐。

人生语录

别人诽谤我,生气不如宽容;
别人侮辱我,愤怒不如化解。
　遇到逆境不灰心丧气,
　遇到顺境不得意忘形。

人生语录

在面临个人利益取舍的时候,
铭记"吃亏是福"的为人处世原则。
相信今天的付出,一定会获得明天的回报。
不要去做贪婪的聪明人。
私心太重,不仅害己,还会坑害他人。
一心想自己享受,而不管客观的实际情况,
那会是人生悲剧的开始。

人 生 感 悟

人生语录

找到自己的心,认识自己的心,明白自己的心,
获得自我智慧的心路非常重要。
心稳如泰山,
不被生存环境的那些是非、麻烦、烦恼、忧愁、悲伤
以及恐惧等所迷惑,
面对烦恼的世界能够做到心平气和地快乐生活,
这是人生大智慧。

人生语录

人生的幸福是自己创造的。
知道幸福是什么,
懂得珍惜幸福和感恩,
特别是晚年要有幸福,
那是真正的幸福。

人生语录

智慧的人事事求自己,
愚蠢的人处处求别人。
雨伞不是天,
靠山是靠不住的。

人生语录

一个人干的事情越多,
受别人指责的机会也多。
"一棵果实累累的大树,才会被众人扔石头。"
当自己稍有一点成就时,
就会被别人无端地指指点点。
假如自己什么都不做,别人也不会说三道四。
平息别人指责的最佳办法就是心平气和、置之不理。

人生语录

学习永远是自己的事情。
人生最大的危险就是不学习,没什么本事,
没有知识将被社会无情地淘汰。
学习永无止境,
一个人完成学业以后,并不意味着一生学习的完成。
现代社会知识更新很快,稍有松懈,就会落伍。

人 生 感 悟

人生语录

上智者悔前，中智者悔后，无智者无悔。
善于做将帅的人，不会轻易发怒；
善于用人的人，反处于众人之下。

人生语录

烦恼缠绕身,
自有心态好。
管好自己心,
凡事多沟通。

人生语录

不讲奉献,只追求享乐,是很危险的。
享乐越多,代价越大。
玩物丧志,早有古训。
一味享乐,总有后悔的一天。
只有那些白痴,才只知道吃喝玩乐,
人的一生总要做些有益于国家、有益于社会的事情。

人生语录

人生苦于不知足,但又苦于太知足。
知足是人生的一门学问,
而不知足也是人生的一门学问。
知足常乐,人人皆知,
但是要加以正确区分,什么东西要知足,
什么东西不应该知足。
在求知和事业上,应该经常不知足;
在物质生活享受上,应该时时知足。

人生语录

当勤精进，但念无常。
以和气迎人，以正气接物，
以浩气临事，以静气养身。
不自重者取辱，不自畏者招祸。

人 生 感 悟

人生语录

事到快意处须转,言到快意处须住。
物忌全胜,事忌全美,人忌全盛。

人生语录

清白让人心安,踏实让人快乐。
没有好的名声,又没有刻苦的努力,
却一心企求成功的果实,
这只是痴人的一场春梦。

人生语录

做人、做事,绝对不要急功近利,如果目的性太强,功利性太盛,人生会吃大亏。

看一看大千世界,那些惯于搞短期行为的人,没有几个好下场。

那些不善于踏踏实实做事、老老实实做人的人,没有几个能成功的。

人生语录

身体要常动,
口不能妄言,
心不能妄念。
心术,以光明厚道为上;
容貌,以正大自然为上;
言语,以简洁真切为上。

人生语录

处事,须有余地;
责备人,切戒尽言。
讲究批评的艺术,
不可尽其过,
应先赞美其所长。

人生语录

讲道德、讲奉献乃是人生的真正意义。
假如自己一生对社会做了许多有意义的事情，
那么其本身就是对生活的享受，
对自己生命的肯定。

Wisdom of life

第 二 部 分

人生语录

一切依靠投机取巧,戴着人生的近视眼镜,
去寻找所谓的人生定位,
哪里会有长久的安乐和幸福?
如果一个人的生命之舟总维系着功名的追逐,
那么其身心就成了名利的奴隶。
如果只知道自己追求名利,
那么你别指望获得幸福和快乐。

人生语录

别沉浸于对于各种名利的追逐。
修养要往上看,向高尚的人学习。
物质水平要往下比较,多想自己幸福的拥有。
生活的愿望减一些,计较的事情少一些,
快乐和幸福就会多一些。

人 生 感 悟

人生语录

感恩伤害你的人,
因为他磨练了你的意志,
增长了你的智慧,
提高了你的能力。

人生语录

看人多看长处,看己多看短处;
用责人心责己,则天地和睦、宁静。

人生语录

不浪费时间去批评和攻击别人，
要多花时间反思自己和提高自我的修养水平与生存能力。
是非不必你争我辩，退一步海阔天空，
时间是最公平的裁判。

人 生 感 悟

人生语录

得理要让人,理直要气和;
待人退一步,爱人宽一寸。

人生语录

过去的已经过去,未来的还没有来到,
只有今天才是实实在在的。
快乐活在当下才是最智慧的人生。

人生语录

生气是消极和懦弱的人生方式。
生气不如去争气,
把消极的力量转变为积极的力量。

人生语录

生命靠运动，资金靠流动，人情靠走动。
管住嘴巴，迈开步伐，安心睡眠，学会减压。

人生语录

贪欲放下是幸福,背上是麻烦和祸害。
譬如"酒、色、财、气"都是贪,
这些贪欲倘若不加以清除,
足够让一个人的性命早早完结。

人 生 感 悟

人 生 语 录

无忧无虑才能安睡,身安必须先心安。

人生语录

不取巧、不沽名、
不贪财、不骄傲、
不生气和不烦恼，
为做人最重要的"六不要"原则。

人生语录

权力不可使绝,金钱不可用绝,
言语不可说绝,事情不可做绝,
　　一定要留有余地。

人生语录

"祸兮福所依,福兮祸所伏",
否极泰来,事物在一定条件下会相互转换。
得到的别太骄傲,要珍惜拥有的东西,
否则的话又会很快地失去;
没有的别太失望,要对未来充满信心,
并且要不懈地努力,好运很快就会来到。

人生语录

无原则取悦众人,害人害己。
没有原则去做人,就会没有原则去做事,
结果是坑害自己和大家。

人 生 感 悟

人生语录

宁与高尚的、有原则的人相争,
也不要与卑劣的、没有原则的人相处。

人生语录

用思虑周到、言语得当和行为公正的智慧之果，去清除自满、自大和轻信的"暗礁"。

人生语录

以一颗平常心看待人生的得与失，
就能享受充实而幸福的人生。

人生语录

置身于富贵生活却能够做到不奢华,又不狂妄;置身于清贫生活,也能够做到不沮丧,又不放弃,这是一种人生大智慧。

人生语录

越是一个人独自相处,越应该检点、独慎。
天知,地知,你知,我知,好好把握自己。
一个人能不能很好地独处?
这不是灵魂的分水岭,而且也是道德的分水岭。
独处是一种检验,可以检测一个人灵魂的深度。

人 生 感 悟

Wisdom of life

第 三 部 分

人生语录

谁最智慧？是那以人为师的人。
谁最富有？是对自己所拥有感到满足的人。
谁最强大？是那善于克制自己的人。

人生语录

"人"字最简单,却最难写。
生而为人,就要有思维有理智,
就要对得起"人"的称号。
就要踏踏实实,谦虚谨慎。
人生几十年,无论怎样风光、荣耀,
都不要忘记自己是人,一个正常人。

人生语录

不要"宽以待己,严以待人",
而应该"严以待己,宽以待人"。

人生语录

给予比获得更有力量,更加幸福和快乐。

人 生 感 悟

人生语录

一个人如果总想利用自己的权力去索取，
那么就会变成了可怜的"债务人"，
一辈子会在担惊受怕中可怜地生活。

人生语录

只知受惠，不知报恩的人是最低贱的。
知恩报恩之心比什么都高尚。

人生语录

一个人不应该像走兽那样活着,
　应该追求知识和美德,
　应该学会向社会奉献什么。
对别人越有帮助,对国家和社会的贡献也大。
　越能够赢得人们的广泛尊敬。

人生语录

独慎非常必要。

如果想要获得自己的幸福,那么必须自重自爱。

用一生的谨慎来造就自己的好名声,是非常值得的。

人生语录

一个人失去财富,只是一时的损失,
还可以有时间、有机会再挣回来。
一个人失去自重自强,等于失去了自我。
没有自我,哪里有自己的一切?

人 生 感 悟

人生语录

我们常常不能改变这个世界,
唯一能够改变的就是自己。
尽管生命无常,生活麻烦多、起伏大,
人生充满许多的不如意,
但是有不少东西是完全可以把握的,
比如我们对待工作和生活的态度。

人生语录

工作态度是一面镜子,
能够照出一个人的内心世界,
可以反映一个人的精神面貌和思想品德。
同时,工作态度也是衡量一个人生存环境好坏的试金石。

人生语录

人生没有人会为你负责,你只能自己为自己负责。

人生语录

在了解社会和别人之前,必须先要了解自己。
在管理社会和别人之前,必须先要管理自己的内心。

人生语录

命随心转。病由心生。
"人可以贫穷,但是心不能贫穷,
因为心里的能源,取之不尽;
身体可以残废,但是心不能残废,
因为心里的健康,用之不竭。"

人 生 感 悟

人生语录

人们对于物质的欲望是无止境的，
这种欲望一旦得不到控制，
那么就是无穷无尽的烦恼和痛苦，
于是疾病来了，厄运也追随而来。
与其这样生活，不如通过管理你的内心，
培养出一种好心态伴随你的一生。

人生语录

如果一个人把人民给的权力当作自己的本领,
那么这个人迟早是要出事的。
有了一点权力,就沾沾自喜,可不是好兆头。
因为离权力太近的人,倘若不谨慎,
很容易成为权力的奴隶。
权力与钱物等是"亲戚",
一不小心就容易被它们所诱惑,
结果就失去了宝贵的自由,甚至生命。

人生语录

为官的不去想权力的责任,而光考虑权力所带来的好处,那是人生的灾难。

责任和权利是紧密相联系的,也是对等的。

不想承担权力的责任,就不配拥有任何的权利。

人生语录

作为一个有权力的人,必须有敬畏的东西。
要敬畏人民,敬畏法律,注重舆论监督,
依原则办事,为人民负责。
有权力的人更要认清自己,
谦虚谨慎,秉公办事,兢兢业业。
世间最大的奖赏是归于能永远信守原则的人的。
利用自己的权力,去践踏原则,甚至法律,
会变成人民的罪人。

人生语录

别让权力使自己盲目,
他人的巴结多是冲着权力而来。
一个被权力的魔法迷住双眼的人,
既是世界上最愚蠢的人,也是最可怜、可悲的人。

人生语录

健康、快乐和拥有今天,
是一个人获得人生幸福的三大法宝。

Wisdom of life

第 四 部 分

人生语录

乐观豁达的人，
能把平凡的日子变得富有情趣，
能把沉重的生活变得轻松活泼，
能把苦难的光阴变得美好珍贵，
能把繁琐的事情变得简单可行。

人生语录

人活着就必须面对各种各样的烦恼和痛苦，
生活本身就是在许多的辛苦和无奈中存续的，
从痛苦中了解人生的真谛，
从困难中取得生存的经验，
从哀怨中找到快乐的源泉，
善于超越苦难，超越自我，就会欢乐常有。

人 生 感 悟

人生语录

人生不苛求，不为小事烦心，就会快乐常伴。
不以自己的过错来惩罚自己，
不以自己的过错去惩罚别人，
也不以别人的过错来惩罚自己，
那么就会快乐不尽……

人生语录

"智慧是由听而得,怨恨是由说而生。"
"同是一件事,想开了是天堂,想不开是地狱。"
生活的主体是自己,自己才是生命的主人。
人的痛苦多半来自于乱攀比和不现实的野心,
而快乐和幸福多半来自于自己的真心实意。

人生语录

人的不幸多是背叛自己,而人的幸福多是肯定自己。我们无法去改变别人的看法,能改变的恰恰只有我们自己。学会寻找自己生活和工作的快乐,是一种积极的人生态度,让我们赶快抛开烦恼,去寻找人生今天的快乐吧!

人 生 感 悟

人生语录

多一份贪欲，就多一份痛苦和烦恼。
少一份贪欲，就多一份快乐和宁静。
贪欲好像是一根链条，
不能摒弃贪欲，就会被其绞死。
贪欲又好像是一支火把，
点燃了就不容易熄灭，往往会引火烧身。

人生语录

人生的烦恼和痛苦,多是因为贪婪的恶魔在作怪。
不能想的非要去想,不能拿的非要去拿,
那不叫执着和聪明,而是叫糊涂和愚蠢。
不顾国家的法律去满足一己私欲,只能快速灭亡。
有贪欲必痛苦,一个人肯定会生活在水深火热之中。
能够看到心中贪婪的恶魔,并且马上予以清除,
那是拥有大智慧的人。

人生语录

没有约束的人生，会误入人生的歧途。
人的灵魂需要修炼，一刻也不能放松警惕。
所以一要反躬自省，二要善待别人的批评。
扫清那些蒙在心灵中的灰尘，
这样才不至于犯下不可饶恕的错误。

人生语录

拥有良好的心态是对付浮躁世界的最好武器,
也是对付烦恼生活的灵丹妙药。
保持好心态,工作就会干得好,
事业就会更成功,生活就会更快乐。

人生语录

改变内心就能改变世界。
同样面对旷野的大自然,一个心态好的人,
会从中觉出生活、生命的真谛,
更多一份平和与安详。
要是换一个万念俱灭的人,则会备感凄凉,
甚至会觉得生不如死。

人 生 感 悟

人生语录

不能延长生命的长度,
但可以决定生命的宽度。
改变不了生存的环境,
但可以改变生活的态度。
改变不了过去的出身,
但可以改变现在的人生。
不能预知莫测的未来,
但可以很好地把握今天。

人生语录

没有美好的环境,但可以拥有改造环境的才能。
不可能事事顺心,但可以事事尽心。
不能完全控制自然灾难,但可以保持心情的愉悦。
不能把握世界上的万物,但起码可以掌握自己。

人生语录

拥有好心态很简单,
只要能懂得珍惜、知足和感恩。
欲望少一点,时常充满感激之情,
那么自己的心态就好。
一个人的心态好了,烦恼和痛苦就少了,
人生也就美好了。

人生语录

别厌倦平淡,别害怕寂寞。
生活不可能天天都是轰轰烈烈的,
平凡才是生活的真谛,平实才是生活的面目。
努力追求是对的,但是必须拥有一颗平常心。
得到了不张扬,失去了不烦恼。

人生语录

勿用妒忌的心态去看待别人的成功,
多思一思别人的艰辛之时,
多想一想别人成功路上所洒下的汗水,
多学一学别人的拼搏精神,
那么心情就会慢慢平静下来。

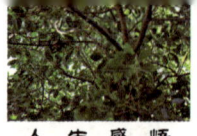

人 生 感 悟

人生语录

　　以恬静得到智慧，以稳重去除轻浮。
　　人在恬静的状态下，就会冷静地正视自己，
不做"聪明人"，就能严格要求自己，
于是经常能够获得工作和生活的快乐。
　　人在烦躁的状态下，就会昏暗地看待自己，
甚至过分地恃才自傲，就会不思上进、胡乱攀比，
就会以聪明人自居，常常与自己和别人过不去。

人生语录

"满招损,谦受益",
狂傲之人到处不受人欢迎,
谦卑之人到处受人欢迎。

人生语录

不以抱怨之心来生活，
不以贪婪之心来苛求身外之物。
物欲太无穷，人生真短暂。
物欲为己，此生不宁。
物欲为后，子孙不旺。
"以德遗后者昌，以财遗后者亡"。
顺其自然，平淡看待物质的享受，
得之无喜色，失之无悔色。

人生语录

言行谨慎，态度谦虚，实实在在做人做事，
这样就可以避免犯大的错误，
就能够避免麻烦、烦恼和痛苦，
而且离有道德、有品位的人更进了一步。
做人做事尽管很难尽善尽美，但必须不断努力。

人生语录

厚德载物,自强不息。
有德者人人赞美,无德者人人厌烦。
一个人如果没有良好的道德修养,
那么是无法获得别人尊敬的,
在社会上生存也是很困难的。
别认为道德修养是给自己增加束缚的东西,
其实它能够给人生带来无穷的快乐和幸福。

人 生 感 悟

Wisdom of life

第五部分

人生语录

自律的人会获得尊重、处处受到欢迎。
不自律的人会失去尊严，处处受到鄙视。
其实，自律是人生成功的法宝，
并非人生道路上的枷锁。

人生语录

人自视愈狂高,愈没有自重的理智,
　　当然其地位愈不稳固。
人自视愈谦卑,愈有自重的理智,
　　当然其地位愈会稳固。
人只有先谦卑,然后才会变得聪明;
　　人若先为聪明,结果总是愚蠢。

人生语录

低调处世,含蓄做事,就是一种理智和智慧。
外表含蓄的人,并不是没有本领,
没有知识,没有思想,没有主见,
而是因为他们知道含蓄的重要性,
明白低调为人的智慧,
所以,他们成功的机会也多。

人生语录

谦虚谨慎是一个人通向成功,
以及赢得别人尊重的重要法宝。
不要把自己看得太高,而把别人看得太低,
要永远保持一颗谦逊的心,保持谦虚谨慎的态度。
人处显贵,而变得骄横与奢侈,
这是人生惨败的开始。

人 生 感 悟

人生语录

越有地位,越要低调谦逊。
因为社会地位高的人容易受到别人的攻击和蜚语,而社会地位低的人容易被他人忽视,或者同情。

人生语录

自爱者必慎。
越是谦逊的人,越拥有非凡的智慧,
越会走向人生的大成功。
越是盛气凌人的人,越会遭受诋毁,
越会陷入孤家寡人的境地。
许多人为什么惨遭大败局,就是从不谦逊开始的。

人生语录

一个人的言行表达了他的道德修养,
良好的道德修养可以省去许多麻烦和痛苦。
谨慎言行,才能避免乐极生悲。
"恭为德首,慎为行基。"
做人处世时要谨慎自己的言行,
这是一个人避免烦恼、和失败的良方。

人生语录

不谦虚的人往往不能正确看待自己和别人,总是高看自己,低看别人,就会走入愚蠢的绝境。

人生语录

不同的人生态度,决定不同的人生结果。
那些积极乐观的人,总是把命运之舵交给自己,
最终能够顺利地到达幸福的彼岸。
那些消极悲观的人,总是把命运之舵交给别人,
依靠所谓的命运之神,只能永远在苦海里挣扎。

人 生 感 悟

人生语录

人生的道路不但是自己选择的,
而且是每天自己走出来的。
一个人的心境非常重要,
人的一生命运如何,很大程度取决于心境的好坏。
如果我们的心态是好的,
那么即使每天的生活很平凡,
也能够在平淡的生活中发现许多美好的东西。

人生语录

如果我们的心态是恶劣的,
那么即使有丰富的物质生活,
也感觉自己的精神是空虚的,
日子就是折磨,时间就会难熬。
心态决定命运,也决定日常的言行。
如果我们的言行是善,那么我们就是天使;
如果我们的言行是恶,那么我们就是魔鬼。

人生语录

人生是自己来塑造的，
自己爱自己，学好人，做好人。
不要对美好的东西，总是冷漠无关；
不要对丑陋的东西，总是熟视无睹。

人生语录

所谓世界的好坏,其实就是一个人的人生态度。
倘若自己认为是对的,那么一切都是对的;
如果自己认为是错的,那么一切都是错的。
要改变世界,改变人生,先要改变自己的态度,
变消极的人生态度为积极的人生态度。

人生语录

如果你坚持原则工作,无私奉献做事,
那么就不要理会别人的各种指责,
否则就有莫名的烦恼。
因为尽管你做得无可挑剔,
但你永远无法封住他人的嘴巴。

人 生 感 悟

人生语录

如果你经常乐于施好，
那么就要快快忘记自己的善行，
不要期望任何的回报，
这样一旦别人有忘恩负义的时候，
也不会仇恨满怀，以至于影响自己的心情。

人生语录

如果你一直在修练自己,提高自己的修养,
那么就不要在意别人的刻意评价。
好象我们对待天气的态度一样,
不管天气如何,都不要影响自己的情绪。

人生语录

心境是种变数,运随心转,
人生的幸福调色板就掌握在自己手中。
若心如死灰,何来生活的好心情?
只有拥有积极心态,又去不断努力,人生才有希望。

人生语录

能改变人生颜色的只有自己,而不是别人。
虽然在人生道路上会有人帮助你,
但是别人只能帮助一时,而不可能永远帮助你。
并且客观地分析,有人帮助是自己的幸运,
而没有人帮助则是命运的公正。

人生语录

被奢侈的生活占用的时间越多,
其懊悔的东西就越多;
越被所谓的美食吸引,
其被疾病缠绕的机会就越多;
越把心思放在穿衣打扮上,
其内心就越空虚。
在吃喝上花的时间越多,
一个人的寿命就会越短。

人生语录

智慧能够解除心灵的烦恼。
诚心得智慧,奸心生邪念;
侧耳听智慧,专心求学问;
多言失智慧,卖弄得愚蠢。
守住自己,便是聪明之人。
　洗耳恭听,专心致志。
　什么东西都想要的人,
　　结果什么都要不成。